LES GROS ANIMAUX
ALPHABET
DU
PREMIER AGE
PARIS
THÉODORE LEFÈVRE, ÉDITEUR

LES GROS ANIMAUX

NOUVEL

ALPHABET

DU

PREMIER AGE

PARIS

THÉODORE LEFÈVRE, ÉDITEUR

Rue des Poitevins

A B C D E
F G H I J
K L M N O
P Q R S T
U V X Y Z

Va-che.   **VACHE.**   *Va-che.*

a b c d e f

g h i j k l

m n o p q r

s t u v x y z

PREMIÈRE LEÇON — SYLLABES

ba   be

bi   bo

bu   ca

vo   vu

co cu da de di do

du fa fe fi fo fu

Faire lire dans tous les sens.

ga ge[1]
gi go
gu ka

ke ki ko ku la le
li lo lu ma me mi
mo mu na ne ni no
nu pa pe pi po pu
ra re ri ro ru sa
se si so su ta te
ti to tu va ve vi
zo ce ci za ze zu
ni ja je ji jo su
po ju za xa xi re

(1) *Devant* E I { G *se prononce comme* j : je ji.
C *se prononce comme* s : se si.

Liè-vre.
LIÈVRE.
Liè-vre.

da-me

mo-de

ta-pe

bi-le

mi-di

lo-ge

mi-te

ra-vi

ri-re

no-te

pa-pe

la-me

ca-ve

ra-de

pi-pe

fa-ce

ra-ce

mi-ne

lu-ne

bo-xe

pa-pa	lo-to	ca-ve	li-me
ca-ge	lu-ne	po-li	na-ge
ro-be	bo-bo	do-do	pu-ce
pa-ge	ki-lo	ma-re	ri-ve
tu-be	vi-de	co-de	vi-te
pi-pe	so-le	du-pe	sa-ge
bi-le	ga-re	cu-ve	ri-de
ga-ze	ta-re	no-te	ju-pe

Habituer l'enfant à faire le moins d'arrêt possible entre les syllabes d'un mot.

SIGNES D'ACCENTUATION

Accent aigu. . . . . ´
Accent grave. . . . `
Accent circonflexe. ^

EXERCICES

ACCENT AIGU

é-té   é-co-le   ré-pé-té   né-go-ce

ré-fé-ré   ré-sé-da   dé-ca   la-vé

ACCENT GRAVE

mé-gè-re   mè-re   zè-le   vi-pè-re

mi-sè-re   co-lè-re   fi-dè-le   pè-re

ACCENT CIRCONFLEXE

pâ-te   tê-te   mê-me   gî-te   fê-te

cô-te   dô-me   hâ-te   bê-te   pô-le

Hip-po-po-ta-me. **HIP-PO-PO-TA-ME.** *Hip-po-po-ta-me.*

ca-na-pé	pi-lu-le	mo-dè-le
ju-ju-be	mo-dé-ré	vi-pè-re
ma-la-de	pa-na-de	sa-la-de
va-ni-té	pi-lo-te	fi-gu-re
ci-vi-le	ca-va-le	é-tu-de
ca-ra-fe	fé-ro-ce	fi-dè-le
ti-ra-ge	ba-na-ne	na-tu-re
ra-ci-ne	ha-bi-le[1]	fa-ci-le
na-vi-re	pa-ro-le	ri-va-ge
gi-ra-fe	ca-po-te	bo-bi-ne
li-ma-ce	fu-ti-le	la-va-ge
do-ci-le	ca-ba-ne	ba-di-ne

(1) *La lettre* h *que l'on nomme* ache *ne se prononce pas.*

Ho-no-ri-ne fi-ni-ra ma ro-be.

U-ne pa-ru-re de ma mè-re.

Il se-ra fi-dè-le à sa pa-ro-le.

Dé-vi-de la pe-lo-te de ta mè-re.

Il a é-té le mo-dè-le de l'é-co-le.

Le jo-li do-mi-no de Jé-rô-me.

La pu-re-té de la mo-ra-le.

Ca-ro-li-ne a re-vu sa mè-re.

Bé-bé a sa-li u-ne i-ma-ge.

Le lo-to de la pe-ti-te A-dè-le.

A-dè-le a vu la pe-ti-te Cé-li-ne.

Lu-ci-le a vu u-ne gi-ra-fe.

A-li-ne a a-bî-mé sa ca-po-te.

Le ma-la-de a bu le re-mè-de.

Le na-vi-re je-té à la cô-te.

Ho-no-ri-ne va li-re sa pa-ge.

Le pa-va-ge a é-té a-bî-mé.

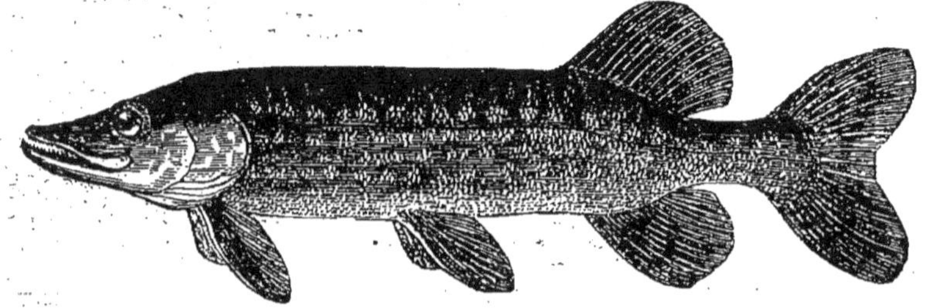

Coq.   COQ.   Coq.

Faire prononcer la syllabe sans épellation.

ac	ec	ic	oc	uc	af
ef	if	of	uf	al	el
il	ol	ul	ap	ep	ip
op	up	as	es	is	os
us	ab	eb	ib	ob	ub
ad	ed	id	od	ud	ar

---

bac	bec	bic	boc	buc	bif
nap	nep	nip	nop	nup	nul
lut	lac	lef	lit	lot	nac
nuc	sel	suc	ver	vir	vor
col	car	pur	vil	tal	jor

vic-ti-me
for-tu-ne
as-per-ge
col-la-ge
lit-to-ral
car-na-val
par-ve-nu

pos-tu-re	pa-ra-sol	par-ta-ge
dis-pu-te	cra-va-te	jus-ti-ce
ga-let-te	lec-tu-re	ti-ret-te
se-mel-le	obs-ti-né	ca-po-ral
vol-ti-ge	ter-mi-né	car-na-ge

La ti-ret-te de la bel-le bot-ti-ne.
Vic-tor a per-du le ca-nif de pa-pa.
Jus-ti-ne a ter-mi-né sa lec-tu-re.
Fer-me vi-te la por-te de la sal-le.
Fré-dé-ric a une jo-lie cra-vate.
Fé-lix a ob-te-nu la grâ-ce du ca-po-ral.
Le pa-ra-sol de Jé-rô-me a é-té per-du.

Lé-o-pard. **LÉ-O-PARD.** *Lé-o-pard.*

ia	ie	ié	iê	io	iu
ua	on	ui	ué	uê	ion
bia	mia	cia	dia	pia	fia
bié	mié	cié	dié	pié	fié
biu	miu	ciu	diu	piu	fiu
bio	mio	cio	dio	pio	fio
lia	lie	lié	liê	lio	liu
rie	rié	riê	ria	riu	rio

EXERCICES SUR LA QUATRIÈME LEÇON.

| dia-dè-me | al-tiè-re | tui-le-rie |
| ma-ria-ge | sa-liè-re | dio-ra-ma |

ra-ta-fia	a-mi-tié	a-ca-cia
lu-miè-re	co-ria-ce	ma-niè-re
va-rié-té	ar-té-riel	dio-cè-se
so-cié-té	ma-tiè-re	ta-niè-re
ri-viè-re	ro-siè-re	par-ta-ge

La pri-ère é-lè-ve l'â-me vers Dieu.
Ma-ria joue du pia-no et de la viel-le.
J'ai par-ta-gé la moi-tié de la pomme.
La tui-le-rie est près de la ri-viè-re.
Vois le dio-ra-ma à la lu-miè-re.
L'eau de la fio-le se-ra tiè-de ce soir.
La ro-siè-re est ma-riée par le mai-re.
Voi-ci du ra-ta-fia, il y a de la lie.
La rei-ne est fiè-re du dia-dè-me.

Ti-gre. **TI-GRE.** *Ti-gre.*

Tou-tou.

CINQUIÈME LEÇON.

au	eu	ou	ai	ei	oi
aux	on	in	un	an	eur
bau	beu	bou	bai	bei	boi
ban	bon	bin	tun	dau	fau
deu	feu	pur	pon	tou	ton
rin	son	sur	pou	sou	doi

EXERCICES SUR LA CINQUIÈME LEÇON.

ruis-seau	cer-tain	a-ni-maux
sau-teur	cer-ceau	cou-teau
loin-tain	jar-din	ren-ver-sé
pou-lain	bou-ton	toi-tu-re

poi-re	vé-té-ran	rai-de
ru-ban	am-bi-gu	ty-ran
an-cre	dé-pen-se	bilan
ma-tin	in-con-nu	la-tin
pa-tin	am-pou-le	lai-ne
pou-le	bai-gnoi-re	fau-te
bon-té	ban-deau	se-rin

Nous sau-te-rons dans le jar-din.
Nous i-rons voir le jou-jou de ma sœur.
Ne fai-tes pas de mal aux a-ni-maux.
Lè-ve toi bien vi-te pour dé-jeu-ner.
Le pe-tit pou-lain a sauté le ruis-seau.
De-main tu vien-dras au jar-din.
Ce vé-té-ran por-te un ru-ban rou-ge.
La pou-le noi-re a pon-du un œuf.
An-dré ai-me bien sa bon-ne ma-man.

É-lé-phant. **É-LÉ-PHANT.** *É-lé-phant.*

bla
ble
bli
blo
blu
gla
pla
bra
bre

que
quo
pha
phi
phu
glu
plu
bru
bri

fla	fle	fli	cha	cho	chu
gle	gli	glo	pra	pro	pru
pli	plo	plu	sta	ste	sti
cla	cle	clé	cli	clo	clu
sta	ste	sté	sti	sto	stu
fla	fle	flé	fli	flo	flu
gua	gue	gué	gui	guo	guè
cha	che	ché	chi	cho	chu
bre	pre	bri	blé	bro	brè

es-piè-gle   pro-dui-re   pha-lè-ne
ci-go-gne   re-gar-de   tri-cor-ne
bra-ce-let   pro-cu-rer   spa-tu-le
dra-pe-rie   fru-ga-li-té   stu-pi-de
ma-nia-ble   pla-na-ge   fri-tu-re
ser-via-ble   cri-ti-que   gla-na-ge
plu-ma-ge   croi-sa-de   dé-cla-ré
clo-por-te   gra-vu-re   glou-ton
pri-mi-tif   fla-nel-le   pro-pre

C'est la ma-li-ce de cet es-piè-gle.
La ci-go-gne fait son nid sur nos toits.
La fru-ga-li-té pro-cu-re la san-té.
Prê-te moi ta plu-me pour é-cri-re.
La vi-gne pro-duit u-ne bel-le ré-col-te.
Re-gar-de a-vec moi ces jo-lies gra-vures.
Le re-mou-leur re-passe les cou-teaux.

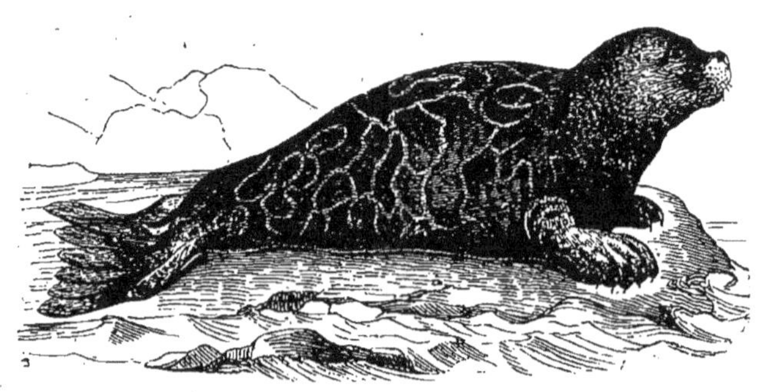

A-ne. A-NE. *A-ne.*

ail œil euil
ouil-le

ré-veil	som-meil	douil-le
ail-leurs	che-vreuil	mouil-lé
treuil	ci-trouil-le	fouil-le
co-rail	fe-nouil-le	treil-le
so-leil	cor-beil-le	feuil-le
veil-le	an-douil-le	rouil-le
rail-ler	pail-las-se	van-tail
fail-li-te	trou-vail-le	tra-vail
ré-veil	sou-pi-rail	ca-mail

Le som-meil m'a ren-du la san-té.
Ex-po-se au so-leil la feuil-le mouil-lée.
Nous ai-mons no-tre vieil-le aï-eu-le.
J'ai cueil-li ce rai-sin à ma treil-le.
Au ré-veil le che-vreuil brou-te l'her-be.
La rouil-le re-cou-vre la douil-le de fer.
Les ci-trouil-les mu-ris-sent au so-leil.
Une pail-las-se de feuil-les de fenouil.
Cet-te jeu-ne fil-le tra-vail-le le soir.
La feuil-le trem-ble au grand vent.

Mots ou l's entre deux voyelles se prononce comme z.

ré-si-ne	li-se-ron	fu-seau
lé-si-on	dio-cè-se	fu-sain
mai-son	cloi-son	ro-seau
sai-son	mi-sè-re	di-set-te
toi-son	cou-seu-se	cou-sin
cui-si-ne	four-nai-se	foi-son

Le fusain est une plante bien utile.
Cette vilaine petite folle est très-rusée.
Il a perdu son rasoir dans la maison.
Ne touchez pas au grand fusil de chasse.
La cloison de la chambre à coucher.
Les liserons ont grimpé sur la maison.

Mou-ton.   **MOU-TON.**   *Mou-ton.*

LA PAUVRE MÈRE.

On apprit un matin à Jules que Diane venait d'avoir quatre petits chiens.

Courir à la niche fut pour lui l'affaire d'un moment ; il les admire, les caresse, puis il s'empare du plus joli.

Il est impossible de peindre l'anxiété de la pauvre chienne : elle courait à Jules, revenait à ses autres petits, se dressait sur ses pattes d'un air suppliant, et semblait le conjurer de lui rendre le nouveau-né.

Jules paraissait se faire un jeu de sa peine.

Sa sœur lui dit : *Laisse-lui donc son petit.*

— Mais, ma sœur, je ne veux pas lui faire de mal.

— Je n'en doute pas, lui répondit Marie, mais comptes-tu pour rien l'inquiétude que tu donnes à ce pauvre animal, qui craint que tu ne veuilles lui enlever son petit.

Jules, comprenant ce que sa conduite avait de cruel, remit le petit dans la niche, et la bonne Diane lui témoigna sa joie en l'accablant de caresses.

— Venez ici, mes enfants, je vais vous apprendre la division du temps. A votre âge, on doit la connaître.

Il y a quatre saisons : le printemps, l'été, l'automne et l'hiver.

Il y a douze mois dans l'année : janvier, février, mars, avril, mai, juin, juillet, août, septembre, octobre, novembre et décembre.

Chaque mois est composé de 30 ou de 31 jours et l'année de 365 jours.

Il y a quatre semaines dans un mois et cinquante-deux semaines dans l'année. Dans une semaine il y a sept jours : Lundi — Mardi — Mercredi — Jeudi — Vendredi — Samedi et Dimanche.

Il faut aussi que vous sachiez qu'il y a vingt-quatre heures dans la journée et soixante minutes dans une heure.

Che-val.   **CHE-VAL.**   *Che-val.*

Louis avait remarqué comment la nourrice s'y prenait pour emmailloter son petit frère.

Un jour il s'avise de vouloir l'imiter.

Ayant pris un jeune chat, il se mit à faire ce que faisait sa nourrice pour le petit enfant.

D'abord il couvrit la tête du chat d'un béguin deux fois trop large; ensuite, il l'emmaillotta dans une serviette qu'il avait prise en guise de lange.

Sa sœur, qui venait d'entrer, lui dit : *Prends garde, Louis, il va te griffer.* — Mais, peu soucieux de ce conseil, il continua sa besogne.

Malheureusement pour lui, en plaçant une épingle, il piqua le chat, qui, entrant en fureur, se débarrassa de son lange et lui sauta au visage, où il lui fit une large égratignure.

Remercie Dieu, lui dit sa sœur, d'en être quitte ainsi, car le chat pouvait t'éborgner.

LE PETIT CHARIOT

Léon attela un jour Médor à son chariot, qu'il chargea de grosses pierres; puis, armé d'un fouet, il se mit à crier : *Hue, dia,* et à frapper le pauvre chien.

Médor, qui se voyait attelé pour la première fois, n'avançait guère, et Léon, sans pitié, redoublait ses coups.

Son père étant survenu fut indigné de la méchanceté de son fils et il lui dit : Que dirais-tu, Léon, si je t'attachais ainsi, et que je te donnasse des coups de fouet pour te faire marcher?

— Mais, papa, je ne sais pas traîner une voiture, je ne suis pas un cheval.

— Eh bien! ce pauvre Médor n'est pas plus accoutumé que toi à traîner des voitures, et cependant tu le traites avec cruauté.

Souviens-toi que celui qui n'a point de pitié pour les animaux ne mérite pas que l'on en ait pour lui.

Ours.   OURS.   Ours.

I II III IV V VI VII VIII

un deux trois quatre cinq six sept huit

IX X L C D M

neuf dix cinquante cent cinq cents mille

CHIFFRES ARABES.

1 2 3 4 5 6 7 8 9 0

un deux trois quatre cinq six sept huit neuf zéro

Quinze	15	XV
Trente-trois	33	XXXIII
Cinquante-neuf	59	LIX
Quatre-vingt-quatorze.	94	XCIV
Cent dix-sept	117	CXVII
Cinq cent cinquante .	550	DL
Mil huit cent quatre . .	1804	MDCCCIV